Nils Christians

Untersuchung des Konzepts von Heinrich Rohdenburg

Hangformung und Hangentwicklungsmodelle

GRIN Verlag

Bibliografische Information der Deutschen Nationalbibliothek:

Die Deutsche Bibliothek verzeichnet diese Publikation in der Deutschen National-
bibliografie; detaillierte bibliografische Daten sind im Internet über http://dnb.d-
nb.de/ abrufbar.

Impressum:

Copyright © 2007 GRIN Verlag GmbH
Druck und Bindung: Books on Demand GmbH, Norderstedt Germany
ISBN: 978-3-640-21669-7

Dieses Buch bei GRIN:

http://www.grin.com/de/e-book/117750/untersuchung-des-konzepts-von-heinrich-
rohdenburg

Inhaltsverzeichnis

1. Einleitung

Diese Hausarbeit soll die von Prof. Dr. Heinrich Rohdenburg entwickelten Modellvorstellungen zur Erklärung von Reliefunterschieden veranschaulichen, erklären und diskutieren.

Rohdenburg beschränkte sich bei seinen Darstellungen auf den durch fließendes Wasser geformten Teil der Erdoberfläche, da dieser seiner Meinung nach wegen seines großen Flächenanteils am wichtigsten sei und es bisher für ihn nur unbefriedigende Darstellungen gab, welche sich durch fehlende innere Geschlossenheit und von ungenügenden Voraussetzungen ausgehend äußerten. Rohdenburg entwickelte hierzu zunächst ein allgemeines Reliefentwicklungsmodell (vgl. Kapitel 2), kombinierte es später mit Randbedingungen (vgl. Kapitel 3 und 4) und versuchte dann dessen Abwandlungen in den einzelnen Klimazonen unter Berücksichtigung des zeitlichen Klimawandels zu diskutieren (vgl. Kapitel 6). Dadurch hat er einen anderen Forschungsansatz als in der Klimatischen Geomophologie üblichen klimazonenspezifischen Reliefmodellerstellung gewählt.

Allgemein kann man über Rohdenburg sagen, dass er bis zu seinem frühzeitigen Tod den Lehrstuhl für Physische Geographie und Landschaftsökologie der TU Braunschweig besetzte. Er war Gründer und Sprecher des Sonderforschungsbereichs 179 "Wasser- und Stoffhaushalt in Agro-Ökosystemen" der Deutschen Forschungsgemeinschaft.

Sein wissenschaftliches Werk ist gekennzeichnet durch Prozessforschung und damit verbunden die Erkenntnis der Begrenztheit und teilweisen Irreführung monodisziplinärer Forschung, sowie seiner konsequenten Hinwendung zur Interdisziplinarität. Dies spiegelt sich bereits in seinem breit angelegten Studium der Chemie, Botanik, Zoologie, Geographie, Bodenkunde und Geologie in Hamburg, Würzburg, Innsbruck und Göttingen wider. Mittelpunkt seiner Forschung war die Erfassung des komplexen aktuellen und vorzeitlichen Prozessgeschehens auf der Erdoberfläche.

Er ist Autor/Co-Autor von über 54 Publikationen (Bücher und wissenschaftliche Aufsätze) sowie 28 Kurzmitteilungen aus dem Bereich Geomorphologie und Bodenkunde.

Im Jahre 1973 gründete er gemeinsam mit einem internationalen Editorial Board die interdisziplinäre englischsprachige wissenschaftliche Zeitschrift "CATENA - An Interdisciplinary Journal of Pedology - Hydrology - Geomorhologie", deren Fokus ab 1984 präzisiert wurde in: "CATENA - An Interdisciplinary Journal of Soil of Sience - Hydrology – Geomorhologie - Focusing on Geoecology and Landscape Evolution" (ab 1994 beim Wissenschaftsverlag Elsevier, Amsterdam, verlegt, zuvor CATENA Verlag). Bis zu seinem Tode war Rohdenburg Chief Editor dieser Zeitschrift sowie der angegliederten Monographieserie der CATENA SUPPLEMENTS (jetzt Advances in GeoEcology), die noch heute vom CATENA Verlag verlegt und herausgeberisch betreut wird. Heute ist seine Witwe Margot Rohdenburg die Verlagsleiterin (aus: Autorenportrait der Internetseite Books on Demand, unbekannter Verfasser).

Ein sehr wichtiges von ihm verfasstes Buch ist: „Einführung in die Klimagenetische Geomorphologie - anhand eines Systems von Modellvorstellungen am Beispiel des fluvialen Abtragungsreliefs". Es ist, wie der Titel schon sagt, eine erste geschlossene Darstellung des komplexen geomorphologischen Prozessgeschehens anhand des fluvialen Abtragungsreliefs unter besonderer Berücksichtigung von Klimaschwankungen und -wechseln. Der Schwerpunkt liegt auf Modellvorstellungen, die aus Geländefunden entwickelt und abgeleitet wurden. Nach dem Tod Rohdenburgs hat Claus Dalchow 1989 ein Buch mit einer Zusammenfassung der Vorlesungen Rohdenburgs mit dem Titel „Vorlesungsauswertungen Heinrich Rohdenburg: Geoökologie – Geomorphologie" im CATENA Verlag herausgebracht. In diesem werden die vereinfachten Modelle zur Massenbewegung und fluvialen Abtragung an Hängen sehr gut illustriert. Beide Bücher sind daher auch Grundlage meiner folgenden Ausführungen.

2.   Der Hangentwicklungszyklus

Rohdenburg sieht bei der Hangentwicklung Abspülung als den entscheidenden Faktor und beschließt daher ein Modell zu entwickeln, bei welchem diese im Vordergrund steht und es daraufhin auf unterschiedliche Kombinationen von Abspülung und Massenbewegung zu untersuchen.

2.1   Die Abtragungsgeschwindigkeit des oberflächlich abfließenden Wassers

Für die Entwicklung seines Modells geht Rohdenburg von einem einheitlichen Substrat aus, dessen Abtragung aufgrund seiner Kohäsion eine gewisse Korrasionsarbeit erfordert und dessen Einzelkörner jedoch so klein sind, dass sie schon bei geringer Fließgeschwindigkeit als Schwebfracht transportiert werden können. Nach HORMANN (1965) ist ein solcher Hang eine Residenzstrecke, dass heißt, die Abtragungsgeschwindigkeit ist nicht vom Transportvermögen begrenzt, sondern von der Korrasionsgeschwindigkeit, also der Mobilisierungsgeschwindigkeit des Substrats. Bei der Abtragung wird Abtragungsmaterial als „Schleifmittel" mitgeführt, welches die Korrasionsarbeit verstärkt (ROHDENBURG 1971: 2). Im Modell von Rohdenburg spielt dieses allerdings eine nicht so große Rolle. Vielmehr wird Abtragungsgeschwindigkeit als Funktion von der Fließgeschwindigkeit des Oberflächenabflusses betrachtet. Die Fließgeschwindigkeit und damit die Abtragungsgeschwindigkeit steigt mit der Hangneigung, der Entfernung zur Wasserscheide, sowie mit der Schichtdicke des Oberflächenabflusses, da es bei zunehmender Schichtdicke zu einer relativen Verminderung der Bodenreibung kommt. Die Schichtdicke ist abhängig vom Abfluss je Flächeneinheit und von der Größe des Einzugsgebietes, sowie von der Fließgeschwindigkeit.

Die Abtragungsgeschwindigkeit sinkt mit Stau. Dieser kann auf konkaven flachen Laufstrecken entstehen. Stau wirkt sich allerdings nur bei strömenden und nicht bei schießendem Abfluss aus (ROHDENBURG 1971: 2).

2.2   Die Hangformung

Rohdenburg geht bei der Vorstellung einer Hangformung von einem vereinfachten Modell aus, da nicht alle Abhängigkeiten erfasst werden können.

Als erste Grundtendenz stellt er eine Verstärkung der Reliefunterschiede heraus, da die Abtragungsgeschwindigkeit mit der Hangneigung wächst. Findet eine Tieferlegung der Hangbasis statt, entsteht eine zusätzliche Versteilung. Wird dagegen die Hangbasis nicht in gleichem Maße tiefer gelegt, wie die steilsten Hangabschnitte, „...dann macht sich bei strömendem Abfluss ein von der Hangbasis ausgehender Stau bemerkbar. Dieser führt zu einer Verminderung der Fließgeschwindigkeit und somit auch der Abtragungsgeschwindigkeit, so dass dort eine Tendenz zur Reliefverminderung besteht, die sich in der Entstehung einer von der Hangbasis aufwärtswachsenden Konkavität äußern muss." (ROHDENBURG 1976: 3) Dies zeigt, dass die Entwicklungstendenz eines Hanges auch von der Veränderung der Hangbasis abhängig sein kann. Diese beiden Möglichkeiten der Reliefverstärkung einerseits und der Reliefminderung andererseits können nur nacheinander stattfinden und niemals gleichzeitig.

Im folgenden Hangentwicklungszyklus kann man die beiden Möglichkeiten der Reliefverstärkung bzw. der Schwächung in Kombination betrachten:

2.3 Zyklische Hangformung

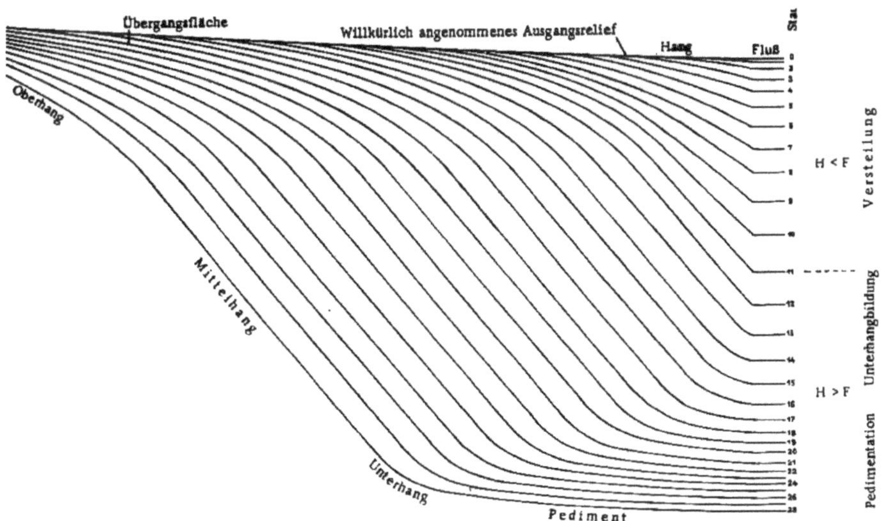

H = Tieferlegungsgeschwindigkeit des Mittelhanges (vertikal gemessen)
F = Tieferlegungsgeschwindigkeit des Vorfluters (Flusses)

Abbildung 1: Versteilungs – Pedimentations – Zyklus

Das Ausgangsrelief für dieses Schema ist eine flache gestreckte Böschung, die von einem Fluss als Vorfluter ausgeht (willkürlich angenommenes Relief). Der Hang ist insgesamt in Oberhang, Mittelhang, Unterhang und Pediment unterteilt. Das Ausgangsrelief wird als Übergangsfläche bezeichnet. Zur begrifflichen Vereinfachung wird die Tieferlegungsgeschwindigkeit des Flusses, der den Hang unten begrenzt, mit „F" bezeichnet. Der Hang reicht in Rohdenburgs Betrachtungen stets bis zum Vorfluter (Fluss), also auch die über die kleinsten Neigungen im Pediment.

Die Tieferlegungsgeschwindigkeit des Hanges wird (gemessen in der Vertikalen) mit „H" bezeichnet (ROHDENBURG 1971: 4).

2.3.1 Hangform bei H<F

Wenn die Tieferlegungsgeschwindigkeit des Flusses (F) größer ist, als die Tieferlegungsgeschwindigkeit des flachen Hanges (H) (also H<F), dann muss sich eine vom Fluss ausgehende Versteilung ausbilden, die insgesamt zu einem konvexen Hang führt. Neben der Tiefenerosion findet im Fluss auch eine Seitenerosion statt, wodurch der Hangfuß stärker zurückverlegt wird als es sich in diesem Punkt aus der hangeigenen Formung ergäbe (DALCHOW 1989: 51).

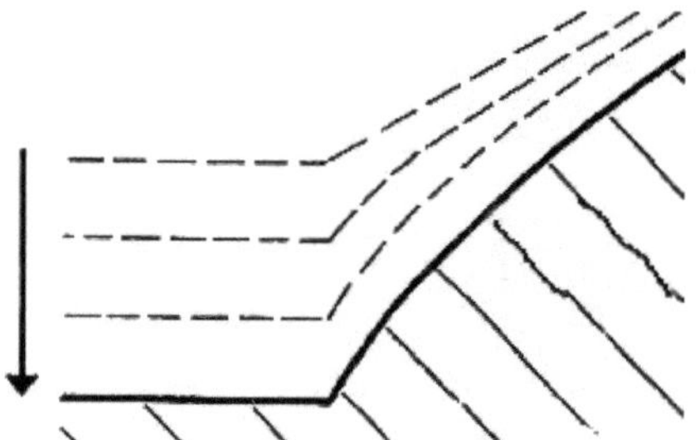

Abbildung 2: Tieferlegung des Vorfluters

Wenn sich die Tieferlegungsgeschwindigkeit des Flusses weiter verstärkt, wächst die Neigung des konvexen, versteilten Hanges. Hierbei dehnt sich der Versteilungsbereich hangaufwärts aus. Durch die Versteilung des Mittelhangs ist H beträchtlich angestiegen. Dies bewirkt, dass nach erreichen eines Maximalwertes die Versteilungsgeschwindigkeit des Mittelhangs wieder absinkt, da diese vom Verhältnis H : F abhängig ist. Dadurch kommt es zu einem steilen, weniger gekrümmten Mittelhang und einem stärker gekrümmten Oberhang, der wiederum an das weniger gekrümmte Ausgangsrelief grenzt (ROHDENBURG 1971: 6).

2.3.2 Hangform bei H=F

Sinkt die Flusseintiefungsgeschwindigkeit soweit, dass sie der des Hanges entspricht, dann übt der Vorfluter keinen Einfluss auf den Hang aus. Dieser wird auf ganzer Länge ausschließlich eigene Entwicklungstendenzen zeigen. In der Natur kann dieses allerdings nur sehr kurzzeitig und vorübergehend auftreten, da der Fluss steten Veränderungen unterliegt (DALCHOW 1989: 51).

2.3.3 Hangform bei H>F

Wenn die Tieferlegungsgeschwindigkeit des Flusses unterhalb die des Mittelhangs sinkt (also H>F), entwickelt sich vom Vorfluter ausgehend ein Stau, der zu einer sich ausweitenden Konkavität mit wachsendem Arealanteil am Unterhang führt. Mit Beginn des Staueffektes findet keine weitere Versteilung des Mittelhangs statt, sondern nur eine Rückverschiebung Hanges unter ungefährer Erhaltung der Gesamtform (ROHDENBURG 1971: 7).

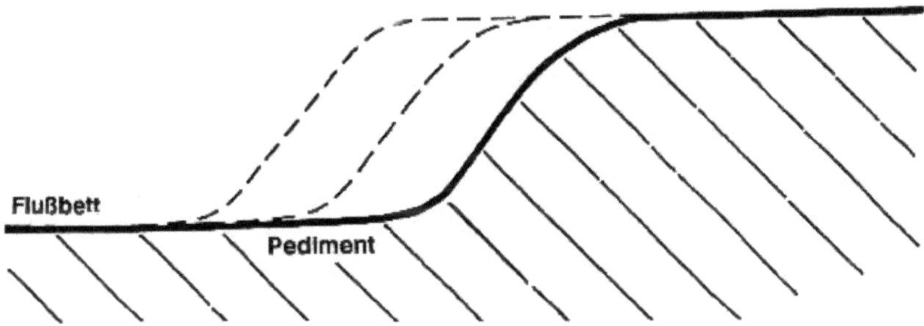

Abbildung 3: Beispiel für die Pedimentation durch parallele Zurückverlegung

Wir haben also einen steilen, rückwandernden Mittelhang. Der neuentstandene Konkavhang ist allerdings sehr viel flacher geworden. Er kann in einen wenig gekrümmten flacheren Bereich, dem Pediment, und einem sich nach oben anschließenden stärker gekrümmten Bereich, dem Unterhang unterteilt werden.

Im Vergleich sieht BÜDEL (1970: 24) in seiner Arbeit, dass sich statt eines konkaven Unterhanges ein scharfer Fußknick bilden müsse. Die Modelle von GOSSMANN (1970: 102) zeigen hingegen auch mehr oder weniger ausgeprägte Unterhangkonkavitäten. In DALCHOW (1989) wird ebenfalls von einem, sich immer weiter verschärfenden Gefällssprung (Hangknick) gesprochen, bei dem allerdings von einem flacheren Aus-

gangshang und F=0 ausgegangen wird, also dass keine Flusseintiefungsgeschwindigkeit vorhanden ist. Dies wird in folgender Abbildung verdeutlicht:

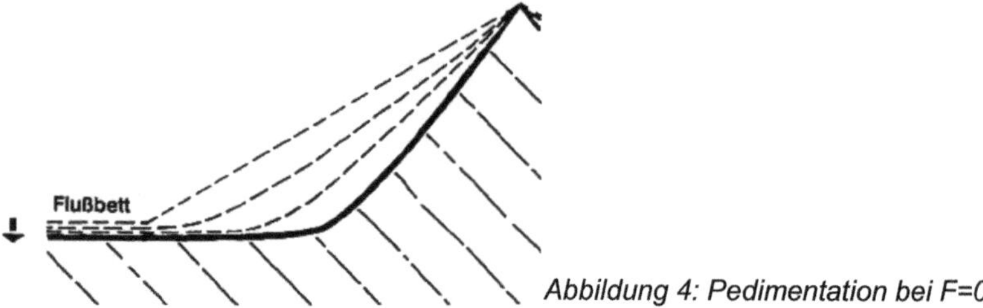

Abbildung 4: Pedimentation bei F=0

Bei steigender Neigungsdifferenz zwischen dem Pediment und dem darüber liegen-
dem Hang kann der Unterhangknick zu einer Grenze der Abflusstypen werden. Daraus resultiert ein schießender Abfluss mit höherer Erosion auf dem steileren Hangabschnitt als auf dem flachen Abschnitt mit nur strömendem Abfluss. Dadurch kann
der Unterhangknick zusätzlich verschärft werden (DALCHOW 1989: 52).

2.4   Pediplaination und Pedimenttreppenbildung

Bei geringer Flusseintiefungsgeschwindigkeit (F) dehnt sich das Pediment auf Kosten des übrigen Hanges aus. Wenn sich nun im Wasserscheidenbereich eines In-
terfluviums (Gebiet zwischen zwei Vorflutern) die Pedimentationsstufen beider Abda-
chungsseiten nach einer längeren Entwicklung schließlich miteinander Verschnitten
haben, besteht das Relief außer aus den Flussbetten nur noch aus Pedimenten
(ROHDENBURG 1971: 6). Das höhere Flachrelief ist dabei aufgezehrt worden. Ein Pediment grenzt dann unmittelbar an das vom benachbarten Fluss her ausgebildete. Es
ist also eine Pediplain durch Pedimentation (Pedimentausweitung) und Pediplaination (Pedimentverschmelzung) entstanden (DALCHOW 1989: 56). Die notwendige Vor-
aussetzung der Pediplaination ist ein Basisstau durch H>F, der so lange anhält, bis
sich die Steilstufen getroffen bzw. sich die Pedimente verschnitten haben.

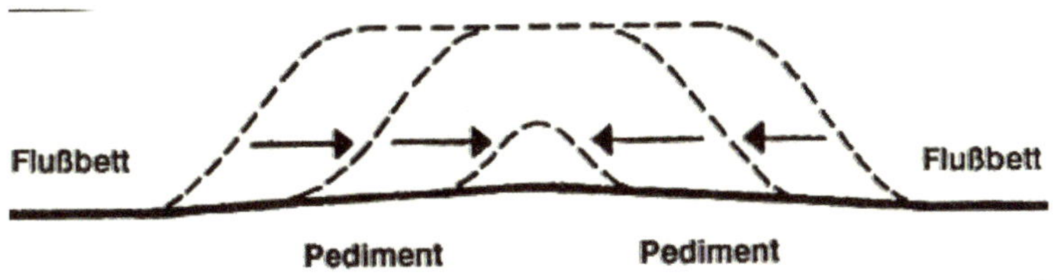

Abbildung 5: Pediplaination (Verschneidung von Pedimenten)

Sollte die Flusseintiefungsgeschwindigkeit (F) zwischenzeitlich wieder zunehmen, entwickelt sich eine Pedimenttreppe. Durch zyklische Veränderungen der Flusseintiefungsgeschwindigkeit kann so ein Pedimenttreppenrelief entstehen, da jede Stufe an ihrem Fuß ein Pediment zurücklässt und gleichzeitig höher gelegene Pedimente aufzehrt. Ein solches Pedimenttreppenrelief kann allerdings wiederum der Pediplaination zum Opfer fallen (ROHDENBURG 1971: 6).

Das Endstadium aller vorausgegangenen H / F –Verhältnisse ist mit der Pediplain erreicht. Die Pediplain ist allerdings noch keine Ruheform, denn auf ihr geht die Abtragung in Form einer fortlaufenden Verflachung weiter.

Auf den folgenden Abbildungen ist noch einmal die Entstehung einer Pediplain dreidimensional dargestellt:

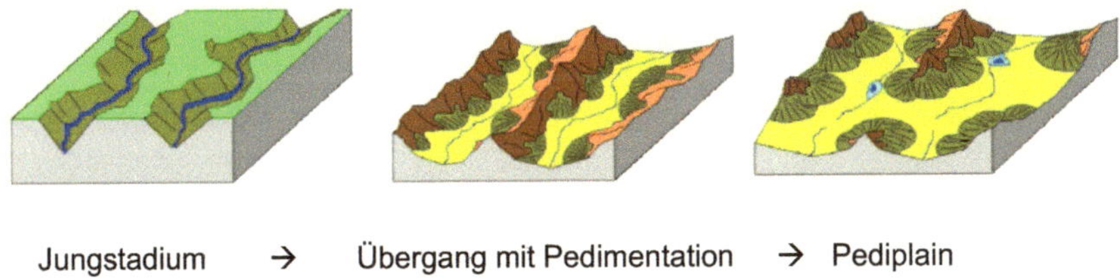

Jungstadium → Übergang mit Pedimentation → Pediplain

Abbildung 6: Phasen bis zur Pediplain

Dieser Reliefentwicklungszyklus (vgl. Abb. 1) kann also in eine Versteilung bei H<F und in eine Verselbstständigung des Steilhanges als Pedimentationsstufe mit Entstehung von Pedimenten und letztlich einer Pediplain bei H>F gegliedert werden. Man kann aus dieser Darstellung die unterschiedliche Hangformung durch die mit der Zeit wechselnden Flusseintiefungsgeschwindigkeiten, die sich in unterschiedlicher Abtragungsgeschwindigkeit äußern erkennen. Die hangeigenen Abtragungsfaktoren bleiben hierbei außenvor. Diese könnten allerdings die Maximalsteilheit des Hanges, sowie die Krümmungsradien aller Reliefelemente wesentlich beeinflussen.

3.   Hangformungsmodifikationen

Bisher wurde bei dem Modell von einheitlichen, vereinfachten Voraussetzungen ausgegangen. Nun werden die Auswirkungen weiterer Faktoren auf das Modell diskutiert. Grundlage hierfür ist dieses Schema, welches den Einfluss unterschiedlicher Transportvorgänge auf die Hangformung zeigt:

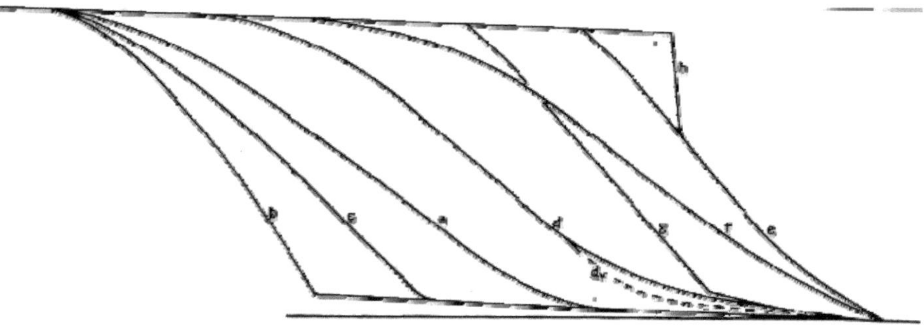

Abbildung 7:
Der Einfluss Unterschiedlicher Transportvorgäng auf die Hangformung

a   Feinmaterial: nur Schwebfracht, strömender Abfluss

b   Feinmaterial: nur Schwebfracht, schießender Abfluss am Mittelhang, strömender Abfluss auf Pediment

c   Feinmaterial: nur Schwebfracht, abwechselnd schießender und strömender Abfluss am Mittelhang

d   z. T. Schweb, z. T. Bodenfracht, strömender Abfluss

dv wie d, jedoch nach Abwärts Korngrößenverkleinerung durch Abrieb und Verwitterung

e   Schweb, Bodenfracht und Unterspülungs-Nachrutschen bei Bildung von Residualschutt

f   Massenbewegung (reine Gelisolifluktion)

g   vgl. e + Hangfußtiefenverwitterung oder zweiphasige Verwitterung

h   vgl. e + Wandbildung infolge Verwitterungsdifferenzierung (Stadium abnehmender Wandhöhe)

3.1 Schießender Abfluss

Bei großer Mittelhangversteilung kann es zu schießendem Abfluss kommen. Er ist dabei nicht durch Stau beeinflusst, sodass er im Pedimentstadium (H>F) nach unten durch einen scharfen Hangfußknick begrenzt wird. Pediment und Steilhang grenzen dabei direkt aneinander, wodurch der Unterhang quasi wegfällt (Abb. 7 b). Der Oberhang weist hierbei eine stärkere Krümmung auf, da sich dort der Übergang von strömenden zu schießendem Abfluss befindet und bei schießendem Abfluss die Abtragung viel größer ist.

Bei Wechselhaften Niederschlägen, so dass nicht immer schießender Abfluss herrscht, kann es am Fußknick zu einer staubedingten Unterhangkonkave kommen.

Da wir bei dieser Form allerdings eher eine Mischform aus Fußknick und Unterhangkonkave haben, bildet sich auch nur ein recht kleiner Krümmungsradius aus (Abb. 7 c) (ROHDENBURG 1971: 8).

GOSSMANN (1970: 114) lehnt hingegen die Bedeutung des Wechsels zwischen strömendem und schießendem Abfluss für die Ausbildung eines Fußknicks ab. Dabei geht er allerdings von einem konkaven Hang aus. Dieser würde aber nach Rohdenburg bei dominierendem schießendem Abfluss gar nicht erst entstehen.

Ein weiterer Beweis für Rohdenburgs Theorie des Wechselsprungs zwischen strömenden und schießenden Abfluss ist der Rauhigkeitsunterschied. Mittelhänge, auf denen strömender Abfluss stattfindet, weisen eine wesentlich größere Rauhigkeit als die glatten Pedimente mit strömendem Abfluss auf. Die Rauhigkeit entsteht dadurch, „...dass bei schießendem Abfluss durch die Turbulenz selbst winzige Inhomogenitäten des Substrats herausgearbeitet bzw. sogar noch verstärkt werden können..." (ROHDENBURG 1976: 10). Strömender Abfluss kann hingegen durch den Ausgleich von Druckdifferenzen Unregelmäßigkeiten der Hangoberfläche unterdrücken bzw. zerstören und somit den Untergrund glätten (ROHDENBURG 1971: 10).

3.2 Bodenfrachttransport

Bisher wurde in Rohdenburgs Modell davon ausgegangen, dass alles erodierte Material als Schweb im Abfluss transportiert wird und dabei die Abtragungsgeschwindigkeit nicht beeinflusst. Wenn nun aber im Substrat eine Korngrößenmischung vorliegt, kommt es dazu, dass die gröbsten Bestandteile nur noch als Bodenfracht transportiert werden können und damit wesentlich langsamer als die im Wasser gelöste Schweb sind. Diese Bodenfracht schützt dabei zeitweise nach abwärts zunehmendem Umfang den Boden, so dass die dortige Abtragung beeinträchtigt wird. Um die schwerere Fracht zu befördern, bedarf es einer stärkeren Hangversteilung und damit auch einer kürzeren aber schärferen Oberhangkrümmung. Da durch die nach unten wachsende Transportarbeit die Gefällsabnahme langsamer wird, kommt es zu einer größeren Pedimentneigung und zu einem breiteren, schwächer gekrümmten Unterhang (Abb. 7 d) (ROHDENBURG 1971: 12).

3.3   Residualschuttbildung

Wird neben dem Feinmaterial auch Grobmaterial bei der Gesteinsverwitterung produziert, kommt es zu einer selektiven Feinmaterialausspülung. Das Grobmaterial bleibt dabei liegen oder wird nur sehr langsam transportiert. Dies bewirkt eine Verringerung der Hangabtragung und bei H<F eine Tendenz zu erheblicher Hangversteilung. Das Grobmaterial wird unterspült und kann so etwas hangabwärts gleiten. Bei zunehmender Versteilung des Hangs steigt auch das Ausmaß dieser Gleitbewegung. Dies kann soweit führen, dass das bei der Verwitterung angefallene Material in gleichem Maße abtransportiert werden kann. Dafür ist allerdings ein Hangwinkel von Nöten, der dem natürlichen Schüttungswinkel von Lockermaterial entspricht. Dieser Winkel liegt nach Rohdenburg bei 35-40°. Diese so genannten Trockenschutthänge weisen eine scharfe Oberhangskrümmung, aber äußerst geringe Mittelhangkrümmung auf (ROHDENBURG 1971: 13).

Sinkt die Flusseintiefungsgeschwindigkeit unter die Hangeintiefungsgeschwindigkeit (also H>F) kommt es zwar auch bei Schutthängen zu einer staubedingten Verflachung, diese kann aber bei alleinigem Unterspülungs-Nachrutschen nicht groß sein. „Die Folge ist, dass der neue, nur wenig flachere Schutthang recht rasch aufwärts wandert und den älteren Steilhang aufzehrt." (ROHDENBURG 1976: 13) (Abb. 8 a).

Wenn die Flusseintiefungsgeschwindigkeit weiterhin zurückgeht, wird ein durchgehend konkaver, wenn auch steiler Hang entstehen, der mit kurzem Oberhang an das Relief grenzt (Abb. 2 e).

Bei hohen Hängen kann es allerdings doch zu einer Verflachung im Hangfuß und Erweiterung des Pediments auf Kosten des Resthanges kommen, da der Abfluss im Laufe des Hanges soweit zugenommen hat, dass er das grobe Material auch fluvial und dadurch auf flachere Böschungen transportieren kann. Der Hang wird dabei nahezu parallel rückverlegt (Abb. 8 c) (ROHDENBURG 1971: 6). Die Abbildung 8 b soll eine Vermittlung zwischen a und c darstellen.

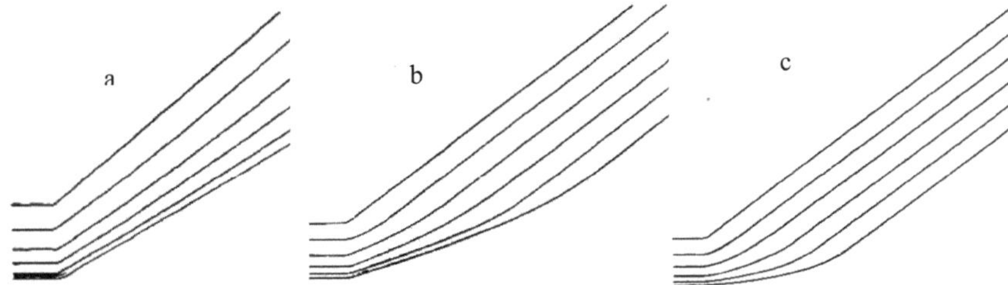

Abbildung 8: Weiterbildung von Schutthängen mit unterschiedlicher Hanghöhe bei Basisstau (H>F)

3.4 Verwitterungsdifferenzierung

Häufig wird ein nicht „fertig" verwittertes Material am Hang abgetragen. Während dieses langsam hangabwärts wandert, unterliegt es weiterer Verwitterung. Verwitterung und transportbedingter Abrieb führen zu einer weiteren Korngrößenverkleinerung, wodurch sich dort auch die Transportarbeit verringert. Folge sind stärkere Pedimentverflachung und eine schärfere Unterhangkrümmung (Abb. 2 dv) (ROHDENBURG 1971: 15).

3.5 Wandbildung

Bisher wurde davon ausgegangen, dass stets ausreichend viel transportierbares Material zur Verfügung steht. Geht man davon aus, dass die Materialherstellung in erster Linie von der Verwitterungsgeschwindigkeit abhängig ist, sind untere Hangbereiche auf Grund ihrer besseren Durchfeuchtung bevorteilt. Hier wirken sowohl chemische als auch Frostwechsel bedingte physikalische Verwitterung.

Kommt es nun zu großer Flusseintiefungsgeschwindigkeit und dadurch zu einer großen Versteilung, nimmt die Schuttmächtigkeit gerade in den obersten Hangabschnitten ab. Dort befindet sich nun nur wenig verwittertes Material (also mehr Grob- als Feinmaterial), wodurch es zu einer abnehmenden Durchfeuchtung kommt, da gröbere flachere Schuttdecken schneller austrocknen.

Bei wachsender Versteilung wird es schließlich soweit kommen, dass kein abtragbares Material mehr vorhanden ist und somit das unverwitterte Anstehende vollständig entblößt wird. Bei fortschreitendem Hangabtrag und damit verbundener Hangrückverlegung bleibt die entblößte Hangpartie stehen. Hierdurch entsteht ein Steilhang auf dem kein Schutt mehr liegen bleiben kann, also eine Wand. Der Abschnitt unterhalb der Wand ist so steil, dass Schutt gerade noch liegen bleiben kann, aber auch teilweise über kleine Strecken abrutscht. Man kennt dies aus dem Gebirge. Die Neigung des Mittelhanges wir dem natürlichen Neigungswinkel von Schutthalden entsprechen, da er sich aus diesem aufbaut (35-40°).

Bei weiterer Flusseintiefungsgeschwindigkeit wird fortlaufend der Schutt vom so genannten Abtragungshaldenhang entfernt, wodurch sich der Wandbereich nach unten vergrößert (ROHDENBURG 1971: 17).

Kommt es zu einer abnehmenden Flusseintiefungsgeschwindigkeit, muss sich daraus eine Verringerung der Wandhöhe und Ausdehnung des Abtragungshaldenhanges ergeben. Der Vorgang kann also auch rückläufig stattfinden. Außerdem wird sich ein für Trockenschutthänge charakteristische Unterhangverflachung entwickeln (Abb. 7 h).

3.6 *Massenbewegung*

Da an Hängen mit Massenbewegung (im Gegensatz zu Trockenschutthängen) schon bei sehr flachen Böschungen Material verlagert werden kann, ist deren Oberhangkrümmung und Versteilung sehr viel weniger ausgeprägt.

Bei abnehmender Flusseintiefungsgeschwindigkeit und damit verbundenem Basisstau kommt es wie bei Trockenschutthängen (Abb. 8 a) zu einer nur geringen Unterhangverflachung. Hingegen greift aber die Oberhangabtragung das Ausgangsrelief sehr viel stärker an als bei Trockenschutthängen (Abb. 7 f). Es entsteht ein langer konvexer Oberhang. Dieser kann sich außer durch Massenbewegung auch durch Abspülung bei einem geeigneten Substrat bilden. Nur durch Massenbewegungen jedoch entstehen lange Übergangsflächen zum Mittelhang (ROHDENBURG 1971: 16).

In den Untersuchungen von GOSSMANN (1970) kam es zu keinem konvexen Hang durch Abspülung, sondern nur durch Massenbewegung. Er ging aber von der Annahme aus, dass es keinen Zufluss aus dem Gebiet oberhalb der scharfen „Oberhang"-Kante seines Ausgangsreliefs gibt. Untersuchungen mit diesem Ausgangsrelief würden also nur für Wasserscheidenpositionen zutreffen.

4. Hangformung durch Massenbewegung am Kammhängen

In dem bisherigen Hangmodell ist Rohdenburg von einem Hang ausgegangen, dessen Oberhang an ein Relief Grenzt. In DALCHOWS Vorlesungsauswertungen von Heinrich Rohdenburg (1989) wird hingegen die Hangformung durch Massenbewegung an einem Hang mit Kamm untersucht. Für diese Untersuchung wird von vereinfachten Modellen ausgegangen, um spezifische Abläufe zu verdeutlich und erklären zu können. Es muss dafür eine einheitliche Ausgangssituation geschaffen sein. Hierbei wird von einem zunächst geraden Hang ausgegangen, der allein durch den Prozess der gelisolifluidalen Massenbewegung weiter geformt wird. Weitere Faktoren und Beschaffenheiten, die über den gesamten Hang einheitlich sein müssen sind: das Material, welches ausreichend aufbereitet und damit gelockert sein muss, die Durchfeuchtung des Bodens, das einheitliche Vegetationverhältnis, welches die Massenbewegung nicht hemmen darf, die Neigung und das Klima in seiner Häufigkeit und Eindringtiefe der Frostwechsel. Diese Einheitlichkeit bewirkt an jedem Hangpunkt gleichgroße Geschwindigkeit der Gelisolifluktion (DALCHOW 1989: 32).

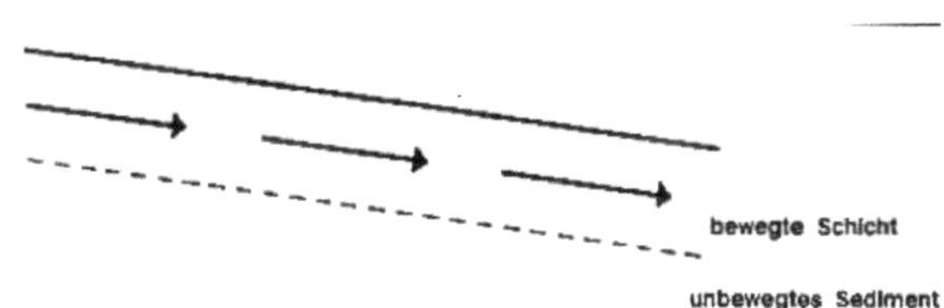

Abbildung 9:
Geschwindigkeitsverteilung einer Solifluktionsdecke auf einem geraden Hang

In diesem sehr primitiven Modell gibt es zwar Bewegung, aber keine Abtragung der Oberfläche, da die Massenbilanz für jeden Punkt ausgeglichen ist. Dies bedeutet, dass alles hangabwärts transportierte Material stets durch von oben nachkommendes ersetzt wird.

4.1 Randbedingungen

Um Formenveränderungen erklären zu können, muss dieses primitive Modell nun um so genannte Randbedingungen erweitert werden.

Wenn man von einer Kammsituation ausgeht, könnte von oben her kein Material ständig nachgeführt werden. Dies würde dann selbstverständlich zu einer Abflachung des oberen Hangendes führen (Abb. 10). Da sich an dieser Abflachung der Neigungswinkel geändert hat, wird auch die Bewegungsgeschwindigkeit abnehmen. Das Resultat der Abflachung wäre eine von oben ausgehende, wachsende Konkavität und Abtragung, die sich schließlich über den ganzen Hang erstrecken würde (Abb. 11) (DALCHOW 1989: 34f).

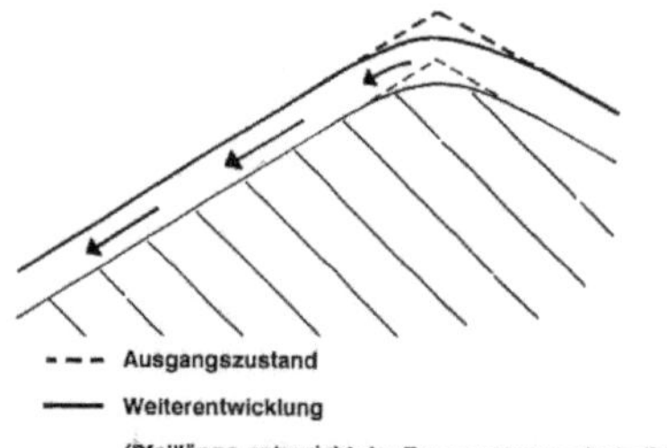

Abbildung 10: Reliefveränderung im Wasserscheidenbereich durch Solifluktion

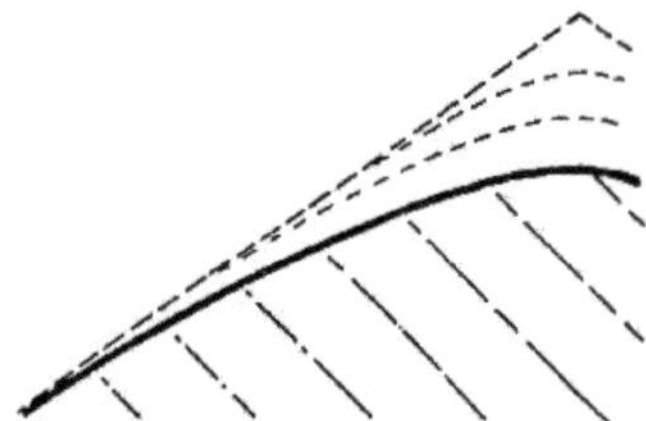

Abbildung 11: Hangentwicklung durch Massenbewegung bei oben fehlender Materialzufuhr

Damit diese konvexe Hangentwicklung fortbestehen kann, muss am Hangfuß ein vollständiger Materialabtransport gewährleistet sein (Materialabfuhr=Materialzufuhr). Diese untere Randbedingung kann beispielsweise durch einen Gletscher, der ohne seitliches Erodieren das Material vollständig abführt entstehen (Abb. 12).

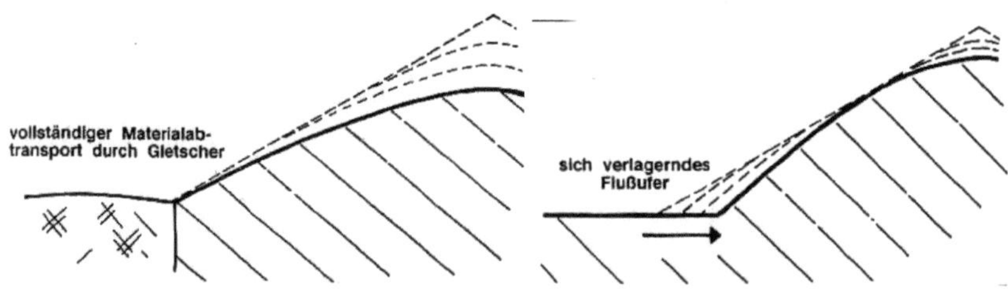

Abbildung 12: Hangentwicklung bei vollständiger Materialabfuhr am Hangfuß (z.B. durch einen Gletscher)

Abbildung 13: Hangentwicklung bei Materialabfuhr > Materialzufuhr am Hangfuß durch Seitenerosion eines Flusses

Eine andere Randbedingung wäre größere Materialabfuhr als -zufuhr, also eine über das Maß hinaus reichende Abtragung. Diese kann durch einen sich seitlich ausdehnenden (Abb. 13) oder einen in die Tiefe greifenden Fluss geschehen (vgl. Abb. 2). Beide Randbedingungen zeigen als gleichen Effekt eine von unten zunehmende Konvexität und Abtragung (DALCHOW 1989: 38).

Eine weitere mögliche Veränderung der unteren Randbedingung wäre keine oder nur unzureichende Materialabfuhr am Hangfuß. Dies kann durch drei Möglichkeiten entstehen. Eine wäre, dass der Hangschutt schon auf einer ebenen Fläche zur Ruhe kommt und daher nicht weiter zum Vorfluter Transportiert wird (Abb. 14 a). Wenn der Fluss sein Bett vom Hang weg verlagern würde, könnte es ebenfalls zu einer Schuttablagerung an Hangfuß kommen (Abb. 14 b). Letztlich könnte es auch zu einer Flussbetterhöhung kommen, wobei sich die Flusssedimente mit dem Hangschutt „verzahnen" würden (Abb. 14 c). All diese Möglichkeiten führen zu einer Materialansammlung und Neigungsverringerung am Hangfuß. Er weist dadurch eine starke Konkavität auf, welche durch hangaufwärtsverschiebung des Akkumulationsbereiches immer höher wandert (DALCHOW 1989: 39).

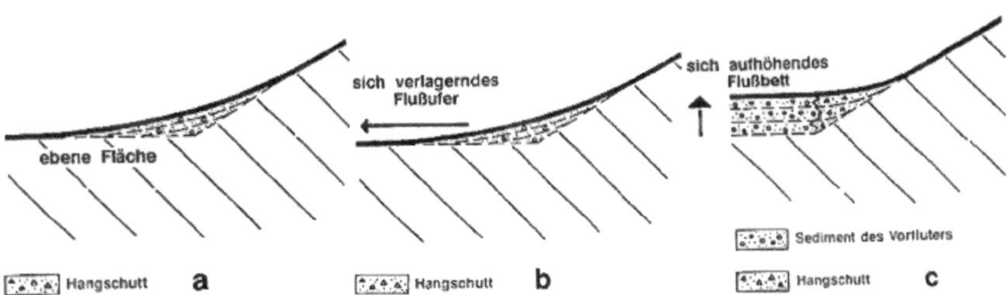

Abbildung 14: Hangentwicklung durch Massenbewegung bei fehlender oder zu geringer Materialabfuhr am Hangfuß durch: a) ebene Fläche am Hangfuß
b) seitlich zurückwandernder Flussrand
c) sich aufhöhendes Flussbett

4.2   Kombination von Randbedingungen

Um sich realistischen Hanggesamtformen weiter zu nähern, müssen kombinierte Randbedingungen betrachtet werden.

Wenn z.B. der gesamte, zunächst gerade Hang als obere Randbedingung keine oder nur geringe Materialzufuhr hätte und am unteren Hang die Abfuhr größer als die Zufuhr wäre (z.B. durch Tiefenerosion des Flusses), so würde der Hang gleichzeitig von oben und unten ausgehend in eine konvexe Form übergehen (DALCHOW 1989: 40).

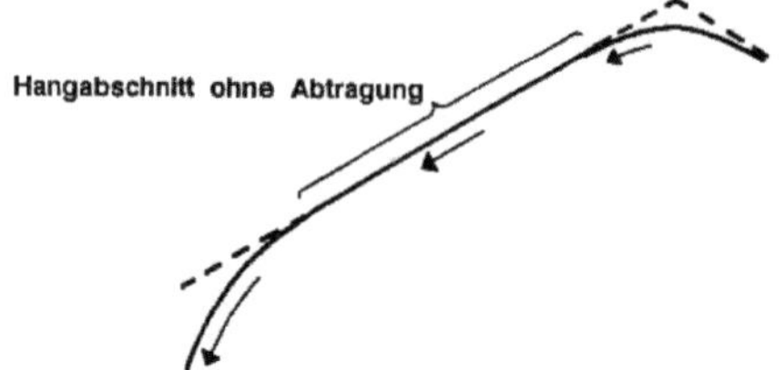

Abbildung 15: Hangentwicklung durch Massenbewegung bei oben fehlender Materialzufuhr und Materialabfuhr > Materialzufuhr am Hangfuß

Der gerade Hangbereich der Abbildung 15 hat hier eine völlig ausgeglichene Massenbilanz. Wenn nun allerdings am oberen Hangabschnitt weiterhin die Zufuhr fehlt oder geringer als die Abfuhr ist und am unteren Hangabschnitt die Abfuhr fehlt oder zumindest geringer ist als die Zufuhr, so werden der konkave Akkumulationsabschnitt und der konvexe Erosionsabschnitt den geraden Hang von oben her aufzehren. Die beiden Abschnitte treffen sich im so genannten Punkt ausgeglichener Massenbilanz, welcher je nach Ausprägung der Randbedingungen weiter aufwärts oder abwärts liegen kann (Abb. 16) (DALCHOW 1989: 41).

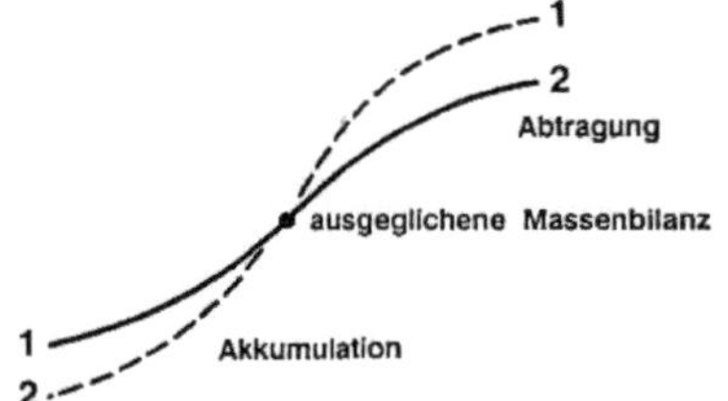

Abbildung 16: Hangentwicklung durch Massenbewegung bei oberer Randbedingung: Zufuhr fehlend oder geringer als Abfuhr und unterer Randbedingung: Abfuhr fehlend oder geringer als Zufuhr

Wenn im oberen Hangbereich die Materialzufuhr weiterhin ausbleibt und am unteren Hangabschnitt aber eine Abfuhr stattfindet, wird der höher gelegene Akkumulationsbereich mit der Zeit aufgezehrt, wodurch der Punkt der ausgeglichenen Massenbilanz nach unten wandern muss (Abb. 17) (DALCHOW 1989: 42).

Abbildung 17: Hangentwicklung durch Massenbewegung bei oberer Randbedingung: Zufuhr fehlend und unterer Randbedingung: Abfuhr

Hierbei wird die früher akkumulierte Schicht abtransportiert. Solche Sedimente werden als temporäre Sedimente bezeichnet, da sie innerhalb eines Prozess-Randbedingungs-Systems in späteren Phasen wieder abgetragen werden können, ohne dass sich dazu die Randbedingungen oder der Prozess geändert haben müsste.

Wenn man als letzte Kombinationsmöglichkeit davon ausgeht, dass als obere Randbedingung die Zufuhr größer ist als die Abfuhr, gilt dies für alle Bereiche des Akkumulationsbereiches, da hier das zugeführte Material abgelagert wird. Bei den oberen Randbedingungen mit Zufuhr wird niemals der ganze, bis zur Wasserscheide hinaufreichende Hangbereich gemeint, da dort kein Material entstehen kann. Sie sind nur für Hangabschnitte beliebiger Ausdehnung anwendbar, also auch in sehr kleinen Bereichen. Will man den ganzen Hang bis zur Wasserscheide betrachten, gibt es als obere Randbedingung keine Zufuhr. Der Hang ist dann dort nur seinen authigenen (hangeigenen) Formungen ausgesetzt. Als ein prozessbedingter Formungstyp der Massenbewegung nimmt dieser Abtragungshang konvex nach unten ab. Findet an einem noch nicht vollständig umgeformten Ausgangsrelief eine Formung durch Einflüsse vorangegangener Prozesse oder Randbedingungszustände statt, bezeichnet man dies als entwicklungsbedingten Formabschnitt (DALCHOW 1989: 43f.).

In einem Hangprofil kann man also drei verschiedene Prozesse ausgliedern: einen prozessbedingten, authigenen Formungsabschnitt, einen durch untere Randbedingung bestimmten Formungsabschnitt und einen oder mehrere entwicklungsbedingte Formungsabschnitte.

5.   Ergebnisse der klimaunabhängigen Hangbetrachtung

Rohdenburg kommt bei dieser vereinfachten Modellbetrachtung zu dem Ergebnis, dass ein Hang (oder auch Fluss) im Normalfall nur Abtragung aufweist und das die Tieferlegungsgeschwindigkeit dabei temporär (mit der Zeit wechselnd), von Punkt zu Punkt unterschiedlich ist. Weiterhin stellt er fest, dass unter der Betrachtung eines Querprofils von einer Wasserscheide zur nächsten bei überwiegendem Hangabtrag (H>F) ein muldenförmiges Profil entsteht und bei überwiegender Flusseintiefungsgeschwindigkeit (H<F) die Form eines Kerbtals auftritt (ROHDENBURG 1971: 21).

Die bisher außenvor gelassen wordene Variabilität der Flusseintiefungsgeschwindigkeit kann drei Ursachen haben: Hebung oder Erniedrigung der Erosionsbasis oder klimabedingte Abflussveränderung. Durch diese Ursachen kann sich das Verhältnis zwischen H und F auch häufig umkehren.

Zu beachten ist hierbei, dass dieses vereinfachte Modell von einem flächenhaften Hangabtrag ausgeht und durch Klimaveränderungen bedingte Zerschneidungen nicht berücksichtigt werden. Im folgenden Kapitel wird nun Rohdenburgs Analyse des Modells unter Einbeziehung des Klimas erläutert.

6.   Die Auswirkungen von Klimaveränderungen auf die Hangdynamik

Durch die aus dem Quartär bekannten zyklischen Klimaveränderungen gab es einen häufigen Wechsel der Temperatur und des Niederschlags. Die Kaltzeiten waren durch Solifluktion, Abspülung sowie Flugsand- und Lößverwehungen gekennzeichnet. In den Warmzeiten hingegen fand nur eine geringe bis keine Hangabtragung statt. Es kam dort zu Bodenbildung und organogener Akkumulation. Untersuchungen zeigten, dass selbst in den Gebieten der Tropen und Subtropen (also in Gebieten großer Abspülung) mit zyklischen Klimaveränderungen zu rechnen ist, die sowohl Zeiten kräftiger Morphodynamik als auch eine geringe bis keine Hangabtragung und eine Bodenbildung verursachen können. Dies zeigt, dass Abtragungs- und Bodenbildungsprozesse in erster Linie nicht thermisch sondern hygrisch bedingt sind (ROHDENBURG 1971: 35f.). Es ist aber nicht allgemein so zu verstehen, als würde bei Niederschlag Boden abgetragen und bei Trockenheit gebildet, denn wie BUTZER und HANSEN 1968 bei Untersuchungen in der Nubischen Wüste herausfanden, bedarf es höherer Niederschlagsmengen in extrem trockenen Gebieten um Boden bilden zu können. Die damit verbundenen Begriffe Pluvial für häufigen Niederschlag und Interpluvial für geringen sind hiermit für Rohdenburg nicht mehr von Bedeutung, da es nicht auf die Niederschlagshöhe, sondern deren Verteilung ankommt. Es ist daher wichtiger herauszufinden welche Auswirkungen bestimmte Zeitabschnitte auf die Morphologie hatten. Rohdenburg führte daher die Begriffe morphodynamische Aktivität und morphodynamische Stabilität für die Beschreibung der Wirkung von Klimaveränderungen ein. Morphodynamische Aktivitätszeiten sind demnach Phasen verstärkter Flächenspülung und Pedimentation, Hangabtragung und Hangverschüttung. Morphodynamische Stabilität hingegen ist gekennzeichnet durch Phasen der Bodenbildung und durch retardierte lineare Tiefenerosion der Hangabflussbahnen (ROHDENBURG 1971: 36).

6.1 Stabilitätszeit

Wände und Flüsse weisen während der Stabilitätszeit trotzdem einen Bereich mit Aktivität auf, weil sie keine schützende Vegetation besitzen. Rohdenburg spricht von einer Verselbstständigung der Wandformung, da deren Aktivität klimaunabhängig ist. Hier kann dann ein Akkumulationshaldenhang entstehen (vgl. Kapitel 3.5) (ROHDENBURG 1971: 52).

An Grundwasserkonzentrationsbereichen kann es wegen der Durchfeuchtung des Substrats zu lokalen Rutschungen an steilen Hängen kommen. In der Regel erhalten Hänge und Pedimente hingegen eine weitgehende Stabilisierung der Oberfläche durch Vegetation. Diese Oberflächenstabilisation beginnt beim Übergang in eine Stabilisationszeit auf den flachsten Reliefabschnitten mit der geringsten Morphodynamik, also auf den untersten Pedimentstrecken. Dort finden zunächst langsam aufwärtswandernde Feinsedimentablagerungen statt, die später zur Bodenbildung beitragen und eine Gefällsverflachung bewirken. Diese Feinmaterialakkumulation kann sich zum Oberhangbereich ausbreiten. Ältere Gerinne im Hang werden dabei verfüllt und es bildet sich dort Vegetation. Die obersten Hangabschnitte können ihre Aktivität der vorangegangenen Aktivitätszeit auf Grund ihrer Steilheit und der nur langsam von unten kommenden Akkumulation am längsten aufrechterhalten (ROHDENBURG 1971: 60f.).

6.2   Aktivitätszeit

Beim Übergang von einer Stabilitätszeit zu einer Aktivitätszeit kommt es zu einer teilweisen Reaktivierung der Verhältnisse, die in einer vorangegangenen Aktivitätszeit herrschten. Die Zunahme der Aktivität macht sich zunächst auf den steilen Hangabschnitten bemerkbar, da dort die größte Fließgeschwindigkeit vorherrscht. Die Form des Übergangs kann allerdings sehr unterschiedlich sein. Meistens findet ein ganz allmählicher Übergang zu einer Teilaktivität und dann zu einer Vollaktivität statt. Dabei werden vom zunächst geringen Abfluss die Hänge zerschnitten und präexistente Hangrunsen erneut aktiviert. Bei zunehmender Aktivität kann die Verschneidung durch den nun starken Abfluss nicht verfüllt oder geglättet werden. Es erfolgt daher einer zunehmende Bettverbreiterung der Gerinne. Dies geschieht soweit, bis sich benachbarte Gerinne überschneiden und somit wieder ein unkonzentrierter Abfluss stattfinden kann (ROHDENBURG 1971: 61f.).

Bei ausklingender Aktivität findet die aufwärtswandernde Akkumulation zunächst auf den untersten flachsten Abschnitten der Primärböschungen (Pedimente, Hänge), sowie in den Trockentälern statt. Innerhalb ausklingender Aktivitätszeiten kann es zu zeitweisen Trockenzeiten kommen, welche sich durch Akkumulation in Flusssystemen bemerkbar macht, da diese noch in voller Aktivitätszeit eine große Schleppkraft aufwiesen und dessen Material sich nun ablagert. Diese Akkumulationstendenz entsteht besonders durch den geringen Vegetationseinfluss und die akzentuierten Niederschläge während der Trockenzeiten innerhalb einer Aktivitätszeit (ROHDENBURG 1971: 76). Nach einer Trockenzeit und damit wieder zunehmender Aktivität kommt es zunächst wie nach einer Stabilitätszeit zu Zerschneidungen.

6.3   *Ergebnisse und Folgerungen der klimatischen Einflüsse*

Einen Überblick über die Formungstendenzen auf Hängen und Pedimenten gibt das morphodynamische Dreieck von Rohdenburg:

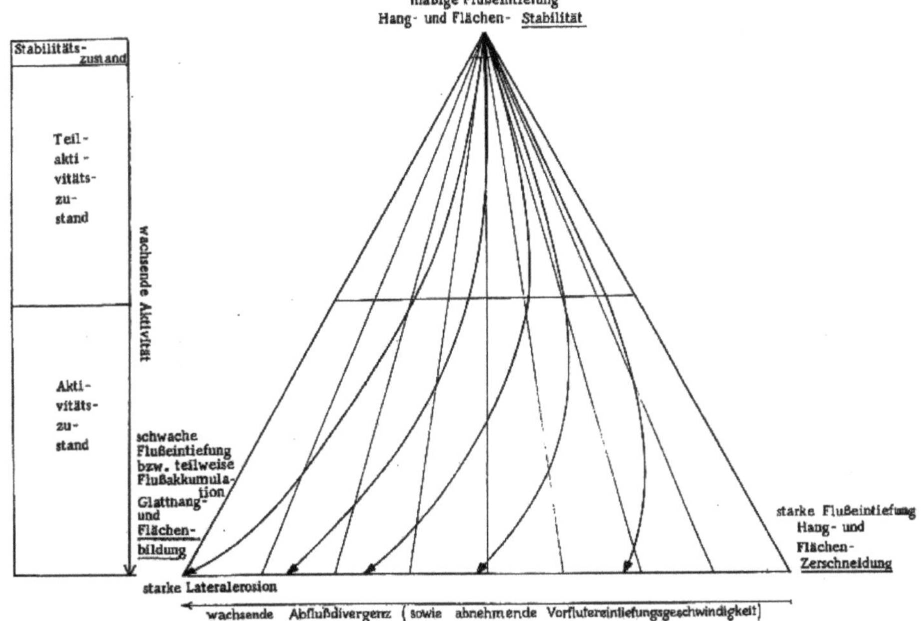

Abbildung 18: Prozesswandel beim Stabilitäts →Aktivitäts-Übergang (geomorphodynamisches Dreieck)

Im morphodynamischen Dreieck sind mehrere Prozesskurven dargestellt, die unterschiedliche Standorte innerhalb des gleichen Großklimas für den Zeitabschnitt von Stabilität zur Aktivität charakterisieren sollen. Wie in Kapitel 6.2 schon erwähnt, steigt mit zunehmender Aktivität zuerst die Zerschneidung und Reaktivierung alter Gerinne, worauf eine Gerinnbetterweiterung folgt, die schließlich in einer flächenhaften Hangabtragung mündet. Dies ist in der nach unten zunehmenden Verbreiterung illustriert (ROHDENBURG 1971: 74).

Der Weg von Aktivierung zur Stabilisierung ist hier nicht dargestellt, würde aber genau andersherum ablaufen. Ein wichtiger Unterschied ist, dass bei diesem Modell (im Gegensatz zu dem in Abb. 1) die Abtragung nicht kontinuierlich, sonder diskontinuierlich abläuft. Dies beinhaltet, dass auch während der Aktivitätszeit nicht ständig Abtragung erfolgt. Sie ist nämlich an vielen Standorten nur im Mittel über einen Klimazyklus zu sehen. Das gleiche gilt für die Bedingungen H<F für Versteilerung und H>F für Pedimentation.

Bei dieser Modellbetrachtung sei noch erwähnt, dass Bereiche, in denen niemals Akkumulation stattfindet, stärker abgetragen werden als es den Abtragungskurven im Modell entspricht. Dies bedeutet also auch eine relativ stärkere Abtragung aller wasserscheidennahen, konvexen und steilen Reliefabschnitte gegenüber allen wasserscheidenfernen, konkaven und flachen Reliefelementen. Daraus lässt sich auch die Konvexität der Wasserscheiden bei der Verschneidung zweier Pedimentationsstufen zur Pediplain erklären (ROHDENBURG 1971: 77).

7. Zusammenfassung und Fazit

Rohdenburg hat mit seinen Modellvorstellungen zu seiner Zeit eine neue Betrachtungsweise der Reliefzusammenhänge, insbesondere unter fluvialen und klimatischen Aspekten geschaffen. Anhand seiner vereinfachten Modellvorstellungen, bei denen er zunächst die Vorgänge isoliert betrachtet, werden komplexe Vorgänge erst verdeutlicht. Später werden diese isolierten Betrachtungsweisen zunehmend zusammengefügt und durch immer mehr Randbedingungen ergänzt. Schließlich werden die Klimabedigungen mit in die Betrachtung gezogen. Damit entwickelt er im Gegensatz zu älteren Versuchen, für alle Klimazonen entsprechende Reliefmodell aufzustellen, als Antithese die Klimatische bzw. Klimagenetische Geomorphologie. Seine Forschung zeigt, dass sich auch in unterschiedlichen Klimaten homologe Formen auf gleichartigen Prozesskombinationen beruhend bilden können. Daher entwickelte er zunächst ein allgemeines Reliefmodell, dessen Abwandlungen später in den einzelnen Klimazonen unter Berücksichtigung der Klimaschwankungen diskutiert werden.

Anhand von Rohdenburgs Hangentwicklungsmodellen im Bezug auf Klimaschwankungen lässt sich feststellen, dass:

- zwischen Aktivitäts-, Übergangs-, und Stabilitätszeiten mit unterschiedlicher Formungstendenz auf Primärflächen und im Vorflutersystem unterschieden werden muss
- die Hangabtragung nicht immer stetig verläuft, sondern unstetig ist und durch klimazyklische Akkumulationsphasen unterbrochen werden kann
- die Hangabtragung nicht generell flächenhaft (denudativ) verläuft, sondern es auch zu Zerschneidungen kommen kann
- auch in Flüssen die Abtragung durch klimazyklische Akkumulationsphasen unterbrochen werden kann
- der Fußpunkt von Hängen auch in der Horizontalen nicht festliegt, sondern durch Gerinnebettschwankungen beeinflusst ist.

Bei Rohdenburgs Simulation wird jedoch nicht berücksichtigt, dass sehr unterschiedliche Prozesse (Abspülung, Solifluktion und Gravitation) in Abfolge oder gleichzeitig und in zeitlich unterschiedlichen Intensitäten, für die Hangformung verantwortlich sind. BIBUS et al. (1976) zeigen hierzu auf, dass die solifluidale Hangüberprägung gegenüber der Abspülung einen sehr geringen Anteil an der eigentlichen Reliefformung in rezenten Periglazialgebieten einnimmt. Ebenso wird die äolische Abtragung vernachlässigt, die aber gerade in trockenen Gebieten eine große Rolle spielt.

Selbst in Zeiten heutiger computergesteuerte Reliefgestaltungs- und Analysemethoden können meiner Meinung nach Rohdenburgs vereinfachte Modelle immer noch hilfreich zur Veranschaulichung bestimmter Hangbetrachtungsweisen sein. Insbesondere sein Konzept der morphodynamischen Stabilität bzw. Aktivität ist heutzutage noch allgegenwärtig, wird aber in dieser Form begrifflich nicht mehr verwendet.

8. Literaturverzeichnis

BIBUS, E. & NAGEL, G. & SEMMEL, A. (1976): Periglaziale Reliefformung im zentralen Spitzbergen. – Gießen[3].

Books on Demand. Autorenportrait von Heinrich Rohdenburg.
Internet: http://www.bod.de/index.php?id=296&auto_id=14351. 2007-01-01

BÜDEL, J. (1970): Pedimente, Rumpfflächen und Rücklandsteilhänge; deren aktive und passive Rückverlegung in verschiedenen Klimaten. –Zeitschrift für Geomorphologie, 14: 1-57.

DALCHOW, C. (1989): Vorlesungsauswertungen Heinrich Rohdenburg: Geoökologie – Geomorphologie. -Reiskirchen.

GOSSMANN, H. (1970): Theorien zur Hangentwicklung in verschiedenen Klimazonen. Würzburger Geographische Arbeiten 31.

HORMANN, K. (1965): Über die morphographische Gliederung der Erdoberfläche. - Mitteilungen der Geographische Gesellschaft in München, 50: 109-126.

ROHDENBURG, H. (1971): Einführung in die Klimagenetische Geomorphologie anhand eines Systems von Modellvorstellungen am Beispiel des fluviatilen Abtragungsreliefs. –Gießen[2].

ROHDENBURG, H. (1989): Landschaftsökologie – Geomorphologie. -Cremlingen-Destedt.

9.　Abbildungsverzeichnis

Abbildung 1: ROHDENBURG, H. (1971: 4)

Abbildung 2: verändert nach DALCHOW, C. (1989: 38)

Abbildung 3: verändert nach DALCHOW, C. (1989: 54)

Abbildung 4: DALCHOW, C. (1989: 52)

Abbildung 5: DALCHOW, C. (1989: 50)

Abbildung 6: DUTCH, S. (1999) Erosion and Landscape Evolution. Natural and Ap
plied Sciences, University of Wisconsin - Green Bay
Internet: http://www.uwgb.edu/dutchs/EarthSC202Notes/erosion.htm.
2007-01-01

Abbildung 7: ROHDENBURG, H. (1971: 9)

Abbildung 8: verändert nach ROHDENBURG, H. (1971: 14)

Abbildung 9: DALCHOW, C. (1989: 54)

Abbildung 10: DALCHOW, C. (1989: 54)

Abbildung 11: DALCHOW, C. (1989: 54)

Abbildung 12: DALCHOW, C. (1989: 54)

Abbildung 13: DALCHOW, C. (1989: 54)

Abbildung 14: DALCHOW, C. (1989: 54)

Abbildung 15: DALCHOW, C. (1989: 54)

Abbildung 16: DALCHOW, C. (1989: 54)

Abbildung 18: ROHDENBURG, H. (1971: 75)